BEI GRIN MACHT SICH IHR WISSEN BEZAHLT

- Wir veröffentlichen Ihre Hausarbeit, Bachelor- und Masterarbeit

- Ihr eigenes eBook und Buch - weltweit in allen wichtigen Shops

- Verdienen Sie an jedem Verkauf

Jetzt bei www.GRIN.com hochladen und kostenlos publizieren

Sven-David Müller

Ernährungsanamnese in der Diät- und Ernährungsberatung

GRIN Verlag

GRIN - Your knowledge has value

Der GRIN Verlag publiziert seit 1998 wissenschaftliche Arbeiten von Studenten, Hochschullehrern und anderen Akademikern als eBook und gedrucktes Buch. Die Verlagswebsite www.grin.com ist die ideale Plattform zur Veröffentlichung von Hausarbeiten, Abschlussarbeiten, wissenschaftlichen Aufsätzen, Dissertationen und Fachbüchern.

Besuchen Sie uns im Internet:

http://www.grin.com/

http://www.facebook.com/grincom

http://www.twitter.com/grin_com

Der Stellenwert der Ernährungsanamnese in der Diät- und Ernährungsberatung

von Sven-David Müller, MSc.

Die Anamnese geht jeder Therapie als notwendige diagnostische Maßnahme grundsätzlich voraus. Das trifft nicht nur für die klassische ärztliche Therapie zu, sondern auch für die Ernährungstherapie. Diät- und Ernährungsberatung kann ohne die zielgerichtete Erfragung und Ermittlung von relevanten Informationen über das Ernährungsverhalten nicht effektiv sein. Ohne den Patienten hinsichtlich seines bisherigen Ess- und Trinkverhaltens zu beraten, ist keine sinnvolle Intervention im Bereich der Lebensmittelauswahl und der Lebensmittelzubereitung möglich. Der Patient muss auch im Rahmen der Ernährungstherapie dort abgeholt werden, wo er steht. Seine Potentiale in der notwendigen Ernährungsumstellung können im Sinne des Empowerments nur effektiv durch den Berater genutzt werden, wenn er den Iststatus exakt erfassen kann und dem Klienten Möglichkeiten der Modifikation des Ess- und Trinkverhaltens im konstruktiven Dialog vorstellt. Das Ernährungstagebuch kann hierbei integraler Bestandteil sein.

Rufus von Ephesos als Vater der Ernährungsanamnese
Die Ernährungsanamnese ist die Grundlage jeder ernährungstherapeutischen Beratungstätigkeit und auch anderer ernährungstherapeutischer Maßnahmen (45). Möglicherweise war der griechische Mediziner Rufus von Ephesos (mutmaßlich 80-150 n. Chr.) mit seinem Werk „Die Fragen des Arztes an den Kranken" der Begründer der Ernährungsanamnese (51). Sie dient der Analyse der Ernährungsgewohnheiten zur Ermittlung beispielsweise von Fehl- oder Mangelernährung und Unverträglichkeiten oder Allergien. Sie verfolgt das Ziel das Ernährungsverhalten erfassbar zu machen, um entsprechend dem Gesundheitsstatus angemessene Empfehlungen geben zu können. Durch Ernährungsfragebögen oder Ernährungsprotokolle (Ernährungstagebuch) gewinnt der Berater einen realistischen Überblick zum retrospektiven oder aktuellen Ernährungsverhalten seines Klienten. Zudem bietet die Protokollierung eine Verlaufskontrolle und ermöglicht den Klienten ihr Ernährungsverhalten zu reflektieren und schafft damit Bewusstsein. Das Ernährungsverhalten von Menschen ist als komplexes durch mannigfaltige untereinander vernetzte Einflussfaktoren Geschehen gesteuert (46) und ein entscheidender Faktor für die Entstehung und Ausprägung von Ernährungs(mit)bedingten Erkrankungen. Einerseits kann das offene Ernährungsverhalten erfasst werden und andererseits bei entsprechender Gestaltung der Fragebögen, Tagebücher oder Aufklärung des Klienten durch den Berater auch das verdeckte Ernährungsverhalten (ess-/trinkauslösende Faktoren). Im Therapie-Verlauf darf der pädagogische Faktor des Führens von Ernährungstagebüchern nicht unterschätzt werden. Zudem auch die Möglichkeit der individuellen Hilfestellung im Veränderungsprozess. Zudem ist das Ernährungstagebuch auch als diagnostisches Instrument im Bereich von Unverträglichkeiten, Beschwerden und sogar Allergien nicht zu unterschätzen, wenn das Tagebuch oder die Protokolle entsprechend durch den Berater adaptiert (Symptomprotokollierungsmöglichkeit) werden.

Fehlernährung und Übergewicht sind globale Erscheinungen
Weltweit werden immer mehr Menschen immer dicker. Nach Schätzung des Institute for Health Metrics and Evaluation im US-amerikanischen Seattle waren im Jahr 2015 rund 2,2 Milliarden Menschen übergewichtig oder sogar adipös. Innerhalb von 35 Jahren (von 1980 bis 2015) hat

sich der Prozentsatz adipöser Menschen in mehr als 70 Ländern verdoppelt! Insgesamt waren weltweit im Jahr 2015 rund 108 Millionen Kinder und 604 Millionen Erwachsene fettleibig. Zudem zeigt eine jüngst im New England Journal of Medicine publizierte Metaanalyse, dass die Prävalenz von Übergewicht und Adipositas global zunimmt. Die systematische Auswertung ergab, dass die gesundheitlichen Effekte bei hohem BMI gravierend sind: Im Jahr 2015 sind etwa vier Millionen Todesfälle darauf zurückzuführen. Weltweit sind fast 40 Prozent der Todesfälle mit einem hohen BMI vergesellschaftet (47). Diese Zahl machen deutlich, dass global bei vielen Menschen eine Veränderung der Ernährungsgewohnheiten notwendig ist. Derartige Veränderungen sind nur durch gezielte Aufklärung erreichbar. Und dieser Aufklärung gehen anamnestische Maßnahmen zum Ernährungsverhalten voraus. Die Tatsache, dass die Krebsmortalität bei einem Anstieg des BMI um 5 kg/m^2 bereits um 10 Prozent zunimmt (48), untermauert die Notwendigkeit der Modifizierung des Ernährungsverhaltens bei vielen Menschen weltweit. Gewichtsabhängig sind insbesondere das Ösphagus-Adenokarzinom (plus 50 Prozent) bei Mann und Frau sowie das Endometriumkarzinom und der Gallenblasenkrebs (jeweils + 60 %) bei der Frau (48). Auch für die Bundesrepublik Deutschland und Österreich ergeben sich für das Gesundheitswesen und die Menschen gleichermaßen dramatische Zahlen: Zwei Drittel der Männer (67 %) und etwas mehr als die Hälfte der Frauen (53 %) in Deutschland sind übergewichtig. Fast ein Viertel der Männer (23 %) und Frauen (24 %) sind adipös (49). Und die Adipositasprävalenz in der erwachsenen österreichischen Bevölkerung variiert zwischen 8,3 und 19,9 % bei Männern und zwischen 9,0 und 19,8 % bei Frauen mit steigenden Trends über die Zeit (50). Vor diesem Hintergrund kommt der Modifikation des Ess-/Trinkverhaltens in den kommenden Jahren und Jahrzehnten eine große Bedeutung zu und es stellt sich die Fragen, welchen Stellenwert die Ernährungsanamnese in der Diät-/Ernährungsberatung hat. In meiner Masterarbeit zum Universitätslehrgang Angewandte nutritive Medizin zur Erlangung der Bezeichnung des akademischen Grades Master of Science am Zentrum für Gesundheitsförderung und Sport im Department für klinische Medizin und Biotechnologie der Donau-Universität Krems habe ich mich mit dem Stellenwert der Ernährungsanamnese in der Diät- und Ernährungsberatung wissenschaftlich beschäftigt. Die Masterthesis wurde durch Universitätsprofessor Dr. Dieter Falkenhagen (†), Donau-Universität Krems (Begutachter) und Universitätsprofessor Dr. Kurt Widhalm, Medizinische Universität Wien (Fachgutachter) betreut, begutachtet und geprüft.

Anamnese bedeutet so viel wie Erinnerung
Das Wort Anamnese stammt aus dem Altgriechischen (ἀνάμνησις anámnēsis) und lässt sich mit Erinnerung deuten. Im Rahmen der Anamnese im medizinischen Bereich ist die professionelle Erfragung von potenziell medizinisch relevanten Informationen durch Fachpersonal (z. B. einen Arzt). Dabei antwortet entweder der Klient oder Patient selbst (*Eigenanamnese*) oder eine andere Person (*Fremdanamnese*). Das Ziel ist dabei in der Regel die Erfassung der *Krankengeschichte* im Rahmen einer Erkrankung. Die Anamnese ist die Grundlage für die Diagnosestellung und damit in allen medizinischen Disziplinen - auch der Diät- und Ernährungsberatung - von maßgeblicher Bedeutung.

Mehr effektive Ernährungsintervention tut not!
Die Häufigkeit von ernährungsabhängigen und ernährungsbedingten Erkrankungen nimmt nicht nur in den westlichen Industrienationen zu. Diese Erkrankungen verursachen hohe Kosten und erhöhen die Mortalität. Sie werden ausgelöst, begünstigt oder beeinflusst durch Fehl- und/oder Überernährung. Zur Primär-, Sekundär- und Tertiärprävention solcher Erkrankungen ist die Diät- und Ernährungsberatung ein wichtiges Element der Schulung, Beratung und Information bezie-

hungsweise Therapie. Die Diät- und Ernährungsberatung wird in Deutschland in der Regel ärztlich angeordnet und sollte durch qualifizierte Fachkräfte wie Diätassistenten und Diplom Ökotrophologen mit entsprechendem Schwerpunkt in strukturierter Form durchgeführt werden. Die Diät- und Ernährungsberatung hat einen festen Platz in der Prophylaxe und Therapie von Erkrankungen. Ein wesentlicher Bestandteil der Beratung ist die Anamnese (Ernährungsanamnese). Zum einen ist zu Beginn der Diät- und Ernährungsberatung das bisherige Ernährungsverhalten zu analysieren und zum anderen ist im Verlauf der Beratungseinheiten in vielen Fällen die Dokumentation des Ess- und Trinkverhaltens sinnvoll. Viele Ernährungsfachkräfte sehen jedoch insbesondere in der Führung von sogenannten Ernährungstagebüchern Probleme. Diese Probleme bestehen sowohl für sie selbst, da die Auswertung und Besprechung einen nicht zu unterschätzenden Zeitfaktor ausmachen, als auch für die Patienten, denen Ernährungsfachkräfte oftmals unterstellen, dass ihre Angaben nicht stimmen. Das Phänomen des Over- und Underreportings ist insbesondere für Patienten, die unter Übergewicht, Adipositas oder einer anderen Essstörung leiden, in der Literatur beschrieben (52, 53, 54). Das Dilemma ist, dass ohne eine verlässliche Ernährungsanamnese und Verlaufskontrolle durch den Patienten beispielsweise in Form von Ernährungstagebüchern bei Beratern und Patienten Probleme entstehen. Dem Berater fehlen wesentliche Hintergründe für eine effektive, effiziente und individuell stimmige sowie erfolgsorientierte Diät- und Ernährungsberatung. Und der Patient steht vor dem Problem, einerseits sein Essverhalten nicht objektiv einschätzen und erinnern zu können. Andererseits muss dadurch jede Beratungsleistung ihr Ziel verfehlen. Diese Situation führt bei Beratern und Patienten gleichermaßen zur Frustration. Es zeigt sich, dass Berater und Patient (Klient) abhängig voneinander sind: Wenn eine Seite Probleme hat, wirkt sich das entscheidend auf die andere Seite aus. Das komplementäre Verhältnis von ‚Diätberater' und ‚Diätbedürftigem' erfordert ein hohes Maß an pädagogischem Wissen beim Berater und Eigenmotivation beim Patienten. Zudem ist die bisherige Situation auch aus volkswirtschaftlicher Sicht nicht zu akzeptieren, da einerseits Kosten durch die Beratung verursacht werden und andererseits die Effekte zu wünschen übrig lassen. Insgesamt steigen durch inadäquate Beratung sogar die Kosten im Gesundheitswesen, da ernährungsabhängige und ernährungsbedingte Krankheiten nicht seltener werden. Vor dem Hintergrund der Kostenlawine, die durch ernährungsabhängige und ernährungsbedingte Erkrankungen verursacht wird, und dem Leid, das diese Erkrankungen für die Betroffenen bedeuten, stellte ich mich in meiner Masterarbeit der Frage, ob und in welcher Form die Ernährungsanamnese insbesondere im Verlauf durch Ernährungstagebücher sinnvoll und effektiv ist. Ich ging der Forschungsfrage nach, welchen Stellenwert die Ernährungsanamnese vor dem geschilderten Hintergrund in der Diät- und Ernährungsberatung daher sinnvoller Weise einnehmen sollte und ob es Alternativen gibt. Ist die Ernährungsanamnese gegebenenfalls selbst in Frage zu stellen oder ihre Bedingungen?

Methoden zur Erfassung des Ernährungsverhaltens
Eine umfassende Anamnese führt zu optimalen Therapieergebnissen – diese Aussage ist das Credo aller medizinischen Therapien. In vielen Therapieformen – beispielsweise der verhaltenstherapeutischen Psychotherapie – macht die Anamnese ein Gros der Gesamttherapie-Maßnahme aus. Natürlich geht auch der Diät- und Ernährungstherapie generell eine Ernährungsanamnese voraus. Je exakter die Ernährungsanamnese ist, desto individueller und zielführender kann die Diät- und Ernährungstherapie ablaufen. Nach Hauner stellt die Anamnese des bisherigen Essverhaltens von Übergewichtigen und Adipösen einen wichtigen Aspekt der Therapie dar (38). Nachfolgend steht eine Übersicht der Methoden zur Erfassung des Ess- und Trinkverhaltens beziehungsweise der Gesamt-Lebensmittelaufnahme (7):

Indirekte Methoden: Dabei werden keine eigenen Erhebungen durchgeführt. Vielmehr werden vorhandene Daten ausgewertet, die aber zu anderen Zwecken erfasst worden sind. Diese Methoden im Rahmen der Diät- und Ernährungstherapie von einzelnen Übergewichtigen oder Adipösen anzuwenden, erscheint kaum sinnvoll. Die indirekten Methoden eignen sich vielmehr für die Auswertung von großen Bevölkerungsgruppen.

Direkte Methoden: Die Methoden werden am oder mit dem zu beratenden Individuum zum Zwecke der jeweiligen Maßnahme erhoben. Es können retrospektive Methoden oder prospektive Methoden angewendet werden. Der 24-Stunden-Recall und die Diet History gehören zu den retrospektiven Methoden. Sogenannte Food-Frequency-Methoden erlauben die computergestützte Bewertung. Auch Fragebogen-Erhebungen lassen sich durch die Nutzung von vorgefertigten Formularen und die computergestützte Eingabe und Auswertung sinnvoll einsetzen. Solche Methoden eignen sich insgesamt bestens für die Ermittlung des bisherigen Ess- und Trinkverhaltens bei Übergewichtigen und Adipösen. Auf Basis der erhobenen Daten lassen sich Modifikationsschritte der Lebensmittelaufnahme mit dem Klienten besprechen und innerhalb eines Prozesses das Essverhalten in Richtung einer diättherapeutisch sinnvollen Ernährungsweise verändern. Durch diesen Prozess erlernt der Klient auch ein neues Ernährungsverhalten, das Rezidive vermeiden hilft. Der gegenwärtige Verzehr von Lebensmitteln lässt sich mit Wiegemethoden sowie einem Ernährungsprotokoll festhalten. Retrospektive und prospektive Methoden zur Erfassung des Ernährungsverhaltens ergänzen sich also kongenial und sind für Klient und Berater ein wichtiges Medium für eine zielführende Zusammenarbeit. Die Ernährungsanamnese zeigt die Anzahl der Mahlzeiten auf und erhebt die Menge sowie die Zusammensetzung der Lebensmittel und Mahlzeiten. Zudem macht sie Aussagen über die Getränkeaufnahme (Menge und Art) sowie das Snackingverhalten (9). Anhand der Ernährungsanamnese kann der Berater eine Kalorien- und Nährstoffanalyse durchführen. Dafür stehen Tabellenwerke und Softwareprogramme zur Verfügung. Nach exakter Analyse des Ernährungsmusters kann der Berater dem Klienten Möglichkeiten der Verbesserung des Ernährungsverhaltens aufzeigen und eine schrittweise Modifikation desselben besprechen. In der Verlaufskontrolle bietet das sogenannte Ernährungstagebuch die Möglichkeit, die Einhaltung von Modifikationsschritten einzuschätzen und das Ernährungsregime an die Wünsche und Möglichkeiten des Klienten anzupassen.

Vor- und Nachteile der retrospektiven Ernährungsanamnese
Eines der in der Diät-/Ernährungsberatung am häufigsten verwendeten Ernährungsprotokolle ist das 24-Stunden-Protokoll (8). Die als schriftliches oder mündliches Interview durchgeführte Methode hat Vor-/Nachteile. Die 24-Stunden-Befragung ist zwar rasch und individuell durchführbar, scheitert jedoch in relativ vielen Fällen schlicht und ergreifend am Erinnerungsvermögen der Klienten. Zudem verschätzen sich die Klienten bewusst oder unbewusst, und es sind absichtlich falsche Aussagen möglich. Die Verlässlichkeit der Befragungsmethoden ist aber auch sehr von der Gesprächsführung, der Situation, in der sich Berater und Klient befinden, sowie vom Verständnis (Akzeptanz) für die Notwendigkeit dieser Maßnahme beim Klienten abhängig. In der Regel ist der protokollierte Tag auch nicht repräsentativ für das Ess-/Trinkverhalten des Klienten. Die Ernährungsgeschichte (Diet History) erbringt Daten über das Ernährungsmuster und die Gewohnheiten über einen langen Zeitraum – in der Regel von drei Monaten. Für die Diät-/Ernährungsberatung von Übergewichtigen und Adipösen bietet sich diese Methode in der Regel aus Mangel von zeitlichen Ressourcen nicht an. Da auch Computerprogramme für die Erfassung und Auswertung der Diet History vorliegen, muss diese Aussage aber relativiert werden. Die Diet History macht entscheidende Aussagen über die zurückliegenden Ernährungsgewohnheiten. Die

Methode erfordert gut ausgebildete Interviewer und ist überhaupt nur bei Klienten mit hervorragendem Erinnerungsvermögen möglich. In einem klinischen Umfeld, das von Zeitmangel und Stress geprägt ist, lässt sich diese Methode nicht umsetzen. Es steht die These im Raum, dass ein unzutreffendes Reporting auch auf Nichtwahrnehmung von Sättigungssignalen zurückzuführen ist (12).

Die prospektive Ernährungsanamnese (Ernährungstagebuch) als Verlaufskontrolle
Bei allen Diät- und Ernährungstherapien ist es für den Klienten, aber auch für den Therapeuten wichtig, einen Überblick über den gegenwärtigen Verzehr zu gewinnen. Dem Klienten dient es als persönliche Überprüfung und dem Therapeuten als Möglichkeit, weitere Modifikationen vorzuschlagen und besonders auch, den Klienten zu loben und zu bestärken, um die Therapieergebnisse zu verbessern. Während die retrospektiven Methoden der Ernährungsanamnese eine Diät- und Ernährungstherapie einleiten, dienen die prospektiven Methoden der Verlaufsdarstellung und -kontrolle. In der Wissenschaft werden oftmals Wiegemethoden angewendet. Dagegen sind in der praktischen Diät- und Ernährungstherapie im Rahmen eines Ernährungstagebuches, welches das Ess- und Trinkverhalten erfasst, Portionsgrößen anzugeben. Das Ernährungstagebuch ist ein ‚Schätzprotokoll'. Ernährungstagebücher sind in der praktischen Anwendung bei geschulten Klienten bestens geeignet, zumindest in der Theorie, denn nur wenn der Klient das Tagebuch exakt führt, kann es überhaupt sinnvoll sein. Ein Over- oder Underreporting verfälscht nicht nur die Ergebnisse, sondern macht auch eine zielgerichtete Modifikation des Ess- und Trinkverhaltens praktisch unmöglich. In der Praxis kommt es häufig vor, dass die Klienten ‚vergessen', ihr Ernährungstagebuch zum Beratungsgespräch mitzubringen. In jedem Falle beeinflusst das Ernährungstagebuch das Ess- und Trinkverhalten des Klienten (massiv). Die Protokollierung kann auch zur Feststellung des Ernährungsverhaltens vor Beginn der Diät- und Ernährungstherapie eingesetzt werden. Die Klienten werden dazu angehalten, das Protokoll direkt nach den Mahlzeiten zu führen und Schätzwerte anzugeben. Im Rahmen der Beratungsgespräche lassen sich die Mengen durch den Berater weiter verifizieren, die Zubereitung näher einschätzen und Mengen genauer ermitteln. In meiner Masterarbeit befrage ich Patienten und Berater bezüglich der Ernährungsanamnese und des Ernährungstagebuches zur Verlaufskontrolle.

Theoretische Überlegungen zur qualitativen Sozialforschung
Um den Stellenwert der Ernährungsanamnese in der Diät- und Ernährungsberatung zu untersuchen, stehen die quantitative und die qualitative Sozialforschung zur Verfügung. Die qualitative Sozialforschung bietet durch ihr Interviewverfahren Vorteile. Im Hinblick auf das zu untersuchende Problem erscheinen Untersuchungsmethoden der qualitativen Sozialforschung als geeignete empirische Erhebungsverfahren, denn qualitative Methoden sind besonders gut dafür geeignet, Einsicht in das Denken, Fühlen und Handeln von Individuen gewinnen zu können (13). Qualitative Sozialforschung versucht, soziale Phänomene aus Sicht der Subjekte und deren Sinnzuweisungen zu erfassen. Sie will am Einmaligen, an den Sichtweisen der zu untersuchenden Personen anknüpfen: „Gegenstand humanwissenschaftlicher Forschung sind immer Menschen. Die von der Forschungsfrage betroffenen Menschen müssen Ausgangspunkt und Ziel der Untersuchung sein" (14). Die Untersuchungsmethoden, die in meiner Masterarbeit zum Thema ‚Erhebung des Ernährungsverhaltens aus Sicht des Patienten (Klienten) und der Ernährungsfachkraft' angewendet werden, beruhen nach Abwägung der Vor- und Nachteile sowie der tatsächlich gegebenen Möglichkeiten der praktischen Umsetzung auf einem qualitativen Forschungsparadigma. Gerade für in die Intimsphäre der Menschen eingreifende Fragestellungen bietet sich die qualitative Sozialforschung an. Das trifft sicher für Fragen nach dem Ernährungsverhalten zu.

Konzeption der Untersuchung
Ich habe meine Probanden in zwei Gruppen eingeteilt: Einerseits habe ich Ernährungsfachkräfte (Diätassistenten und Diplom Ökotrophologen), die in der praktischen Diät- und Ernährungsberatung tätig sind, und andererseits Patienten, die unter Übergewicht und/oder ernährungsmitbedingten Erkrankungen leiden, befragt. Im Rahmen der Fragemethode ‚qualifiziertes Interview' habe ich alle Probanden telefonisch befragt. Für das qualifizierte Interview habe ich diese zwei Gruppen befragt, für jede Gruppe habe ich einen anderen Fragenkatalog entwickelt. Ich habe sieben Ernährungsfachkräfte (Gruppe 1) und 6 Patienten (Gruppe 2) befragt. Alle befragten Ernährungsfachkräfte können auf eine mindestens zehnjährige Berufserfahrung in der Diät- und Ernährungsberatung verweisen.

Ergebnisse der Untersuchung
Alle befragten Patienten hatten bereits mindestens eine Diät- und/oder Ernährungsberatung in Anspruch genommen. In der Gruppe 1 gehört die Mehrheit der Befragten der Berufsgruppe der Diätassistenten an. Ernährungsfachkräfte nutzen die Ernährungsanamnese und Ernährungstagebücher zur Verlaufskontrolle. Demgegenüber sind die Patienten der Befragung auf ‚Berater' gestoßen, die aus der Gruppe der Mediziner stammen und die laut meiner Untersuchung diese Methoden zur Erfassung des Ernährungsverhaltens kaum oder nicht einsetzen. Die von mir befragten Ernährungsfachkräfte sehen in der Ernährungsanamnese mehr Probleme als Vorteile. Eine Befragte äußert sogar, dass Kosten und Nutzen in keiner Relation ständen. Scheinbar werden Wert der Ernährungsanamnese und Nutzen der Ergebnisse unterschätzt und zeigen damit Unflexibilität und Beratungsunsicherheit sowie eine pädagogisch-psychologische Überforderung. Als negative Auswirkung von Ernährungstagebüchern wird angegeben, dass diese (frühzeitig) erziehen und lenken. Ernährungstagebücher sind nicht dazu geeignet, dass der Patient unbeeinflusst sein Ess- und Trinkverhalten objektiv dokumentiert. Jean-Paul Sartre hat dieses Phänomen des Kontrolliertfühlens beschrieben: „(...) wenn ich beim leisesten Geräusch zusammenzucke, wenn jedes Knacken mir einen Blick ankündigt, so deshalb, weil ich schon im Zustand des Erblickt-werdens bin." (39).

Dokumentation des Ernährungsverhaltens ist erklärungsbedürftig
Ernährungsfachkräfte wissen um die Notwendigkeit der ausführlichen Erklärung der Nutzung von Ernährungsprotokollen und Ernährungstagebüchern und führen diese in der Regel auch durch. Die Probleme beim Patienten, der ein Ernährungstagebuch führen soll, sind konkret zu benennen und ausräumbar. Beispielsweise könnte das Problem der Mengenangabe durch das Ausleihen von Digitalwaagen ausgeräumt werden. Andere Probleme lassen sich durch den Einsatz von neuen Medien (Stichwort ‚Handykamera') beseitigen. Im Endeffekt lässt sich das Problemfeld mit ‚vergessen und verschweigen sowie verweigern' zusammenfassen, und es erfordert Fingerspitzengefühl beim Berater, den Patienten so aufzuklären und so zu hinterfragen, dass dieses Problemfeld nicht in den Vordergrund tritt.

Ernährungsanamnese und das Ernährungstagebuch gehören zur Diät-/Ernährungsberatung
Die Befragten erkennen und nennen viele Vorteile der Ernährungsanamnese und des Ernährungstagebuches für ihr Arbeitsfeld der Diät-/Ernährungsberatung sowie für die Qualität der Beratung des Patienten und damit die Erfolgsquote. Die Ernährungsfachkräfte geben also sowohl Vorteile für ihre Arbeit als auch für den Patienten an. Als bedeutendsten Nachteil nennen die Ernährungsfachkräfte für sich selbst und für die Patienten den Zeitfaktor. Ernährungsfachkräfte befürchten, dass ihre Unbefangenheit verloren ginge. Damit verminderte sich die Objektivität

des Beraters und die Voraussetzung für das von beiden Seiten eingeforderte Vertrauensverhältnis zwischen Berater und Patient. Mit Befangenheit oder auch nur der Verminderung der Unbefangenheit muss sich die Effizienz und Effektivität der Diät- und Ernährungsberatung verringern und gleichzeitig die Atmosphäre für Berater und Patient negativ entwickeln. Aber eine ‚gute' Beratung ist nach Angaben von Beratern und Patienten nur bei einer angenehmen – wertschätzenden – Atmosphäre möglich. Die in meiner Untersuchung angegebenen Vorteile werden durch die angeführten Nachteile untergraben.

Dokumentation des Ernährungsverhaltens bringt die Diät- und Ernährungsberatung voran
Zu den positiven Ergebnissen der Untersuchung gehört, dass die Ernährungsfachkräfte grundsätzlich etwas mit den Ergebnissen von Ernährungsanamnesen und Ernährungstagebüchern anfangen können. Andererseits sehen die Befragten die Notwendigkeit der Nachfrage und gegebenenfalls Nachkorrektur. Es wird angegeben, dass ein Gespräch über die Protokolle oder Tagebücher erforderlich ist. Diese Angaben seitens der Ernährungsfachkräfte sind jedoch positiv, da auch die Gruppe der Patienten das Gespräch über das Ernährungsverhalten anhand des Ernährungstagebuches oder Ernährungsprotokolls als positiv erachtet und wünscht. Wenn der Berater auf die Dokumentation des Patienten eingeht, fühlt der Patient sich wahr- sowie ernst genommen und die Mitarbeit des Patienten wird positiv verstärkt.

Fremdmotivation wirkt sich in der Diät- und Ernährungsberatung negativ aus
In meiner Untersuchung geben die Befragten insbesondere fremdmotivierte Patienten, Patienten mit zu wenig Eigenmotivation, Menschen mit niedrigem sozialen Status sowie ältere Menschen als Gruppen an, für die eine Dokumentation des Ernährungsverhaltens mit Tagebüchern oder ähnlichem wenig bis ungeeignet erscheint. Von den Befragten der Gruppe der Ernährungsfachkräfte werden mehrfach Kinder, Jugendliche, Eltern sowie Schwangere und insbesondere Gestationsdiabetikerinnen als für die Diät- und Ernährungsberatung besonders geeignete Patienten angegeben, da sie das Ernährungsverhalten gut dokumentieren.

Neue Wege und Ziele in der Dokumentation des Ernährungsverhaltens sowie in der Diät- und Ernährungsberatung
Meine Befragung ergibt, dass es Patienten gibt, die die selbstständige Dokumentation des Ernährungsverhaltens und damit die Mitarbeit ablehnen. Menschen mit frustrierenden Diäterfahrungen verstehen die Sinnhaftigkeit der Ernährungsanamnese oft nicht. Neue Medien und technische Geräte wie die Handykamera werden als Alternative zum herkömmlichen Ernährungstagebuch von meinen Befragten mehrfach genannt. Zudem fordert ein Befragter, verstärkt die Erkenntnisse der modernen Ernährungsmedizin und der Nutrigenomics in die Diät- und Ernährungsberatung einzubeziehen.

Diät- und Ernährungsberatung ist effektiv
In der Gruppe 2 haben alle, die unter verschiedenen ernährungsbedingten und ernährungsabhängigen Erkrankungen leiden, eine von ihrem behandelnden Arzt eingeleitete Diät- und Ernährungsberatung in Anspruch genommen und ihr jeweiliges Ziel erreicht. Die Untersuchung zeigt, dass die Diät- und Ernährungsberatung bei den Befragten grundsätzlich erfolgreich war. Patienten, die unter ernährungsbedingten und ernährungsabhängigen Erkrankungen leiden, erhalten nicht die optimale Form der Diät- und Ernährungsberatung. Insgesamt ergibt die Untersuchung, dass innerhalb einer Beratung oder vielmehr Information von Patienten mit ernährungsbedingten und ernährungsabhängigen Erkrankungen nur selten eine Dokumentation des Ess- und

Trinkverhaltens durch klassische Formen der Ernährungsanamnese und Verlaufskontrolle durchgeführt wird, sondern vielmehr eine Befragung im Gespräch stattfindet. Dieses ist naturgemäß nicht strukturiert, dokumentiert und demzufolge wenig effektiv. Auch wenn die Ziele des Patienten – passager? – erreicht wurden, fehlt einerseits der Nachweis der Effektivität der medizinischen Leistung und zudem kommt es bei einzelnen Patienten auch zu Problemen (Angst vor dem Essen).

Patienten befürworten die Dokumentation des Ernährungsverhaltens
Bei den Befragten zeigt sich, dass nur ein Drittel eine Protokollierung des Ess- und Trinkverhaltens mehr oder weniger ausgeprägt ablehnt. Nach meiner Untersuchung ist es für die Mehrzahl der Befragten extrem wichtig, dass der Berater die schriftliche Dokumentation des Ess- und Trinkverhaltens ausführlich und genau erläutert. Damit ergibt sich das Problem des Zeitmangels sowohl in der Arztpraxis, der Schwerpunktpraxis als auch dem Krankenhaus. Der Patient hat einen konkreten Wunsch und kann diesen sogar formulieren, der aber vom Berater nicht immer erfüllt werden kann oder vom Berater gegebenenfalls nicht gesehen oder gar abgelehnt wird. Kontraproduktiv ist es, wenn dem Gespräch über das Essverhalten oder die Protokollierung desselben nicht ausreichend Zeit vom Berater eingeräumt wird.

Scheinbar verschweigen die meisten Patienten wenig oder nichts absichtlich!
In meiner Untersuchung hat nur ein Patient angegeben, dass er bewusst etwas verschwiegen habe. Es stellt sich die Frage, ob Patienten in der Regel überhaupt das Essverhalten so bewusst zur Kenntnis nehmen und erinnern, dass sie exakte Ess- und Trinkprotokolle führen oder präzise Angaben über das Ess- und Trinkverhalten machen können. Das Vorurteil vieler Ernährungskräfte und auch Mediziner, dass Patienten bewusst etwas verschweigen oder verschleiern, sollte grundsätzlich diskutiert werden. Geht der Berater davon aus, dass der Patient ihn bewusst ‚belügt', entzieht er seiner Beratungsleistung das Fundament und scheitert schließlich, da er die Vertrauensbasis nicht entzieht, sondern überhaupt nicht entstehen lässt. Es besteht die Möglichkeit, dass die Mehrzahl der von mir Befragten tatsächlich noch niemals in der Diät- und Ernährungsberatung hinsichtlich des Ess- und Trinkverhaltens etwas vergessen, verschwiegen oder modifiziert hat. Ein Grundvertrauen ist für den Berater nicht nur vor diesem Hintergrund angebracht. Die Patienten empfehlen dem Berater, dass er in jedem Falle nachfragen sollte und dass er die Protokolle ansehen und in die Diät- und Ernährungsberatung einbeziehen muss. Insgesamt sehen und verstehen die Patienten den Nutzen eines Ernährungstagebuches. Besonders hervorzuheben ist diesbezüglich, dass sie den Nutzen in erster Linie für sich selbst erfassen. Es kann demzufolge nicht davon ausgegangen werden, dass Patienten die Führung von Ess- und Trinktagebüchern oder anderen Dokumentationen zur Erfassung des Ess- und Trinkverhaltens grundsätzlich ablehnen und daher falsche Angaben machen. Diese negative Haltung gibt es nach meiner Untersuchung eher nicht.

Zusammenfassung und Schlussfolgerung
Meine Untersuchung zur Sinnhaftigkeit von Ernährungstagebüchern und der Ernährungsanamnese zeigt, dass Patienten und Berater den Wert der Überprüfung des Essverhaltens und seiner Änderung im Verlauf der Diät- und Ernährungsberatung kennen und sogar schätzen. Das Ernährungstagebuch gehört zu den grundlegenden und anerkannten Methoden in der Diät- und Ernährungsberatung. Die grundsätzliche Bedeutung steht bei den Befragten außer Zweifel. Aber eben diese kommen bei Patienten und Beratern trotzdem zum Tragen: Sie zweifeln das Ernährungstagebuch nicht grundsätzlich an, sondern vielmehr gibt es Probleme bei Beratern und Pati-

enten. Der größte Problemfaktor für beide Befragungsgruppen ist der Zeitaufwand. Beide Gruppen wissen um die Bedeutung der Erklärung und des Erklärens sowie der Nutzung im Verlauf der Diät- und Ernährungsberatung. Ernährungsfachkräfte fürchten, dass die Dokumentation des Ernährungsverhaltens seitens der Patienten nicht immer wahrhaftig ist. Das prägt die Einstellung und ihr Verhalten gegenüber dem Patienten schon im Vorfeld der Diät- und Ernährungsberatung. Demgegenüber zeigt meine Befragung der Patienten, dass die Befürchtung des ‚Schummelns und Mogelns' von untergeordneter Bedeutung ist. Als problematisch geben beide Gruppen an verschiedenen Stellen die Einschätzung der Mengenangaben an. Patienten fordern von den Beratern eine genaue Erklärung der Handhabung von Ernährungsprotokollen und Ernährungstagebüchern.

Digitale Medien in der Diät- und Ernährungsberatung und Ausblick
Auch in die Diät- und Ernährungsberatung können und müssen moderne Medien einfließen. Die Handykamera oder Scanningmethoden bieten Möglichkeiten für die Erfassung und Dokumentation des Ess- und Trinkverhaltens, die weit über die herkömmlichen hinausgehen können. Zusammenfassend ergibt sich, dass die Ernährungsanamnese ein grundlegender und effektiver Bestandteil der Diät- und Ernährungsberatung ist und die Verlaufskontrolle des Ess- und Trinkverhaltens durch Ernährungstagebücher ebenfalls. Sowohl Patienten (Klienten) als auch Berater schätzen den Wert hoch ein. Die geschilderte Problematik ließe sich durch eine zielführende Erläuterung der Hintergründe und der Vorgehensweise sowie die gezielte Methoden- und Patientenauswahl deutlich vermindern. Insbesondere neue Medien bieten sinnvolle Alternativen zum herkömmlichen Ernährungstagebuch.

Autor:
Sven-David Müller, Master of Science (MSc.) in Applied Nutritional Medicine, staatlich geprüfter Diätassistent, Diabetesberater der Deutschen Diabetes Gesellschaft (DDG)
www.svendavidmueller.de

Literatur
1) Mensink GBM, Lampert T, Bergmann E (2005): Übergewicht und Adipositas in Deutschland 1984 - 2003. Bundesgesundheitsblatt 48:1348-1356, Zugriff: 4. April 2009, 15:01
2) http://www.thieme.de/fz/gesu/pdf/s115-s120.pdf
3) Deutsche Gesellschaft für Ernährung (DGE), 2008, Ernährungsbericht 2008
4) http://www.deutsche-adipositas-gesellschaft.de/daten/Adipositas-Leitlinie-2007.pdf
5) Persönliche Mitteilung von Diplom Pädagogin Almut Carlitscheck (Berlin)
6) Buchbeitrag aus Widhalm Kurt (Hrsg.), Ernährungsmedizin, 2. Auflage, Verlagshaus für Ärzte, 2005, Seite 239 bis 242
7) Buchbeitrag aus Biesalski Hans Konrad (et al.), Ernährungsmedizin, 2. Auflage, Thieme, 1999, Seite 20
8) Buchbeitrag aus Biesalski Hans Konrad (et al.), Ernährungsmedizin, 2. Auflage, Thieme, 1999, Seite 257 bis 258
9) Persönliche Mitteilungen von Diätassistentin Kathrin Scholl (Aachen) und Diätassistentin Christiane Weißenberger (Werneck)
10) Buchbeitrag aus Müller SD (et al.), Diätetik und Ernährungsberatung – Das Praxisbuch, 3. vollständig überarbeitete Auflage, Hippokrates, 2008, Seite 13
11) Buchbeitrag aus Müller SD (et al.), Berufspraxis für DiätassistentInnen und Diplom-Oecotrophologlnnen, 1. Auflage, Hippokrates, 2004, Seite 93
12) Warum FDH allein nicht hilft, Adam O (et al.), Ernährungsumschau, 11/08, 648ff
13) Buchbeitrag aus Friedrichs J: Methoden empirischer Sozialforschung, 1985, Seite 226
14) Buchbeitrag aus Mayring Ph: Einführung in die qualitative Sozialforschung, 1996, Seite 9
15) Buchbeitrag aus Mayring Ph: Einführung in die qualitative Sozialforschung, 1996, Seite 12
16) Buchbeitrag aus Mayring PH: Einführung in die qualitative Sozialforschung, 1996, Seite 16
17) Thomae, H.: Zur Relation von qualitativen und quantitativen Strategien psychologischer Forschung. In Jüttemann, G. (Hrsg.): Qualitative Forschung in der Psychologie: Verfahren, Grundfragen, Verfahrensweisen, Anwendungsfelder (1998), S.92ff
18) Hopf, Chr. / Weingarten, E. (Hrsg.): Qualitative Sozialforschung (1979), S.13f
19) Lammnek, S.: Qualitative Sozialforschung (1995), S.22
20) Flick, U.: Qualitative Forschung. Theorien, Methoden, Anwendungen in Psychologie und Sozialwissenschaft (1998), S.78ff
21) Deisen, A.: Sehnsucht. Der Naturbezug des Menschen am Beispiel der Eifel (2000), S.41
22) Buchbeitrag aus Mayring PH: Einführung in die qualitative Sozialforschung, 1996, Seite 18
23) Buchbeitrag aus Mayring PH: Einführung in die qualitative Sozialforschung, 1996, Seite 119
24) http://www.gesetze-im-internet.de/bundesrecht/di_tassg_1994/gesamt.pdf
25) http://www.bszanton.musin.de/index.php?id=58

26) Lammnek, S.: Qualitative Sozialforschung (1995), S.73ff
27) Flick, U.: Qualitative Forschung. Theorien, Methoden, Anwendungen in Psychologie und Sozialwissenschaft (1998), S.94ff
28) Witzel, A.: Das problemzentrierte Interview. In: Jüttemann, G. (Hrsg.): Qualitative Forschung in der Psychologie. Grundfragen, Verfahrensweisen, Anwendungsfelder (1985), S.227f
29) Witzel, A.: Das problemzentrierte Interview. In: Jüttemann, G. (Hrsg.): Qualitative Forschung in der Psychologie. Grundfragen, Verfahrensweisen, Anwendungsfelder (1985), S.227ff
30) Witzel, A.: Das problemzentrierte Interview. In: Jüttemann, G. (Hrsg.): Qualitative Forschung in der Psychologie. Grundfragen, Verfahrensweisen, Anwendungsfelder (1985), S.228
31) http://www.vdoe.de/studium-berufsbild.html
32) http://www.vdoe.de/fileadmin/redaktion/download/position-einzelartikel/2010-01-vdoe-position-hochschulen.pdf
33) http://www.destatis.de/jetspeed/portal/cms/Sites/destatis/Internet/DE/Content/Statistiken/Gesundheit/Gesundheitspersonal/Tabellen/Content75/Berufe,templateId=renderPrint.psml
34) http://www.vdd.de/diaetassistenten/aufgabenundkompetenzen/
35) http://www.bundesaerztekammer.de/downloads/Curr_Ernaehrungsmedizin_2007_07_04.pdf
36) Vgl.: Rogers, Carl R.: Therapeut und Klient, Grundlagen der Gesprächspsychotherapie, Fischer, Frankfurt a.M., 15. Aufl., 2000
37) Vgl.: Wirth, Alfred: Adipositas-Fibel, Springer, Berlin/Heidelberg, 1989
38) Hauner, H.: Übergewicht im Erwachsenenalter, in: Biesalski, H.K. u.a. (Hrsg.): Ernährungsmedizin, Thieme, Stuttgart, 2. Aufl., 1999, S. 246ff
39) Sartre, Jean-Paul: Das Sein und das Nichts, Versuch einer phänomenologischen Ontologie, Rowohlt, Hamburg, 7. Aufl., 2001, S. 498
40) Forgas, Joseph P.: Soziale Interaktion und Kommunikation, Eine Einführung in die Sozialpsychologie, Beltz, Weinheim, 4. Aufl., 1999
41) Hackney, Harold & Sherilyn Cormier: Beratungsstrategien Beratungsziele, Ernst Reinhardt, München, 1998
42) Nußbeck, Susanne: Einführung in die Beratungspsychologie, Ernst Reinhard, München, 2006
43) Arnold, Eysenck, Meili (Hrsg.): Lexikon der Psychologie, 1.Bd., Bechtermünz Verlag, Augsburg, 1996
44) Arnold, Nolda, Nuissl (Hrsg.): Wörterbuch Erwachsenenpädagogik, Klinkhardt, Bad Heilbrunn, 2001
45) https://www.bzfe.de/inhalt/ernaehrungsanamnese-als-basis-der-beratung-3539.html
46) http://www.staff.uni-giessen.de/~gj1059/Poster%20Ernaehrungsverhalten%20in%20Deutschland%20Leipzig%202010_mit%20blauem%20Kasten.pdf
47) http://www.nejm.org/doi/full/10.1056/NEJMoa1614362#t=article
48) http://www.euro.who.int/de/health-topics/noncommunicable-diseases/cancer/news/news/2011/02/cancer-linked-with-poor-nutrition,
49) http://www.rki.de/DE/Content/Gesundheitsmonitoring/Themen/Uebergewicht_Adipositas/Uebergewicht_Adipositas_node.html
50) https://link.springer.com/article/10.1007/s10354-015-0409-y
51) https://www.thieme-connect.com/products/ejournals/abstract/10.1055/s-0029-1239950
52) http://onlinelibrary.wiley.com/doi/10.1038/oby.2006.240/full
53) https://www.ncbi.nlm.nih.gov/pubmed/22271488
54) https://www.ncbi.nlm.nih.gov/pubmed/17130213

BEI GRIN MACHT SICH IHR WISSEN BEZAHLT

- Wir veröffentlichen Ihre Hausarbeit, Bachelor- und Masterarbeit

- Ihr eigenes eBook und Buch - weltweit in allen wichtigen Shops

- Verdienen Sie an jedem Verkauf

Jetzt bei www.GRIN.com hochladen und kostenlos publizieren

Bibliografische Information der Deutschen Nationalbibliothek:

Die Deutsche Bibliothek verzeichnet diese Publikation in der Deutschen Nationalbibliografie; detaillierte bibliografische Daten sind im Internet über http://dnb.d-nb.de/ abrufbar.

Dieses Werk sowie alle darin enthaltenen einzelnen Beiträge und Abbildungen sind urheberrechtlich geschützt. Jede Verwertung, die nicht ausdrücklich vom Urheberrechtsschutz zugelassen ist, bedarf der vorherigen Zustimmung des Verlages. Das gilt insbesondere für Vervielfältigungen, Bearbeitungen, Übersetzungen, Mikroverfilmungen, Auswertungen durch Datenbanken und für die Einspeicherung und Verarbeitung in elektronische Systeme. Alle Rechte, auch die des auszugsweisen Nachdrucks, der fotomechanischen Wiedergabe (einschließlich Mikrokopie) sowie der Auswertung durch Datenbanken oder ähnliche Einrichtungen, vorbehalten.

Impressum:

Copyright © 2017 GRIN Verlag, Open Publishing GmbH
Druck und Bindung: Books on Demand GmbH, Norderstedt Germany
ISBN: 9783668568570

Dieses Buch bei GRIN:

http://www.grin.com/de/e-book/379156/ernaehrungsanamnese-in-der-diaet-und-ernaehrungsberatung